蒂娜和糖豆儿的甜蜜旅行
石渭潍 / 文
崔　文 / 图
U0338583
科学出版社

图书在版编目 (CIP) 数据

蒂娜和糖豆儿的甜蜜旅行 / 石渭潍文；崔文图. －北京：科学出版社，2019.6

ISBN 978-7-03-061696-8

Ⅰ.①蒂… Ⅱ.①石… ②崔… Ⅲ.①食糖－儿童读物 Ⅳ.①TS245-49

中国版本图书馆CIP数据核字(2019)第119724号

责任编辑：徐　烁 / 责任校对：杨　然
责任印制：师艳茹 / 排版设计：知墨堂文化

科学出版社 出版
北京东黄城根北街16号
邮政编码：100717
http://www.sciencep.com
中国科学院印刷厂 印刷
科学出版社发行　各地新华书店经销

2019年6月第　一　版　开本：889×1194　1/16
2019年6月第一次印刷　印张：4
字数：60 000

定价：39.80元

石渭潍，毕业于荷兰瓦赫宁恩大学食品技术专业，现任北京食品科学研究院英文刊*Food Science and Human Wellness*副主编，兼负责食品主题中小学创新教育及科学传播项目，运营有育儿公众号“食习社”。

崔文，自由插画师，毕业于北方工业大学艺术设计系，一直从事绘画设计等相关工作，在陪伴孩子成长的时光中，对绘画的热情有增无减，逐渐投入对儿童绘本的创作研究，曾为多本少儿图书绘制插图。

所有喜欢糖的小朋友们，以及对糖又爱又恨的大孩子们，请接受这两位年轻妈妈的邀请，开启一段甜蜜的旅行吧！

嗨！我是蒂娜，今年 8 岁。虽然我在美国纽约出生长大，
但爸爸妈妈常对我说：中国才是我们的根。

这个假期，我终于有机会跟随爸爸一起回到他的故乡北京。爸爸还说要带我去尝尝他小时候最爱吃的传统美食。作为一个小馋猫，我简直太期待这趟旅行了！

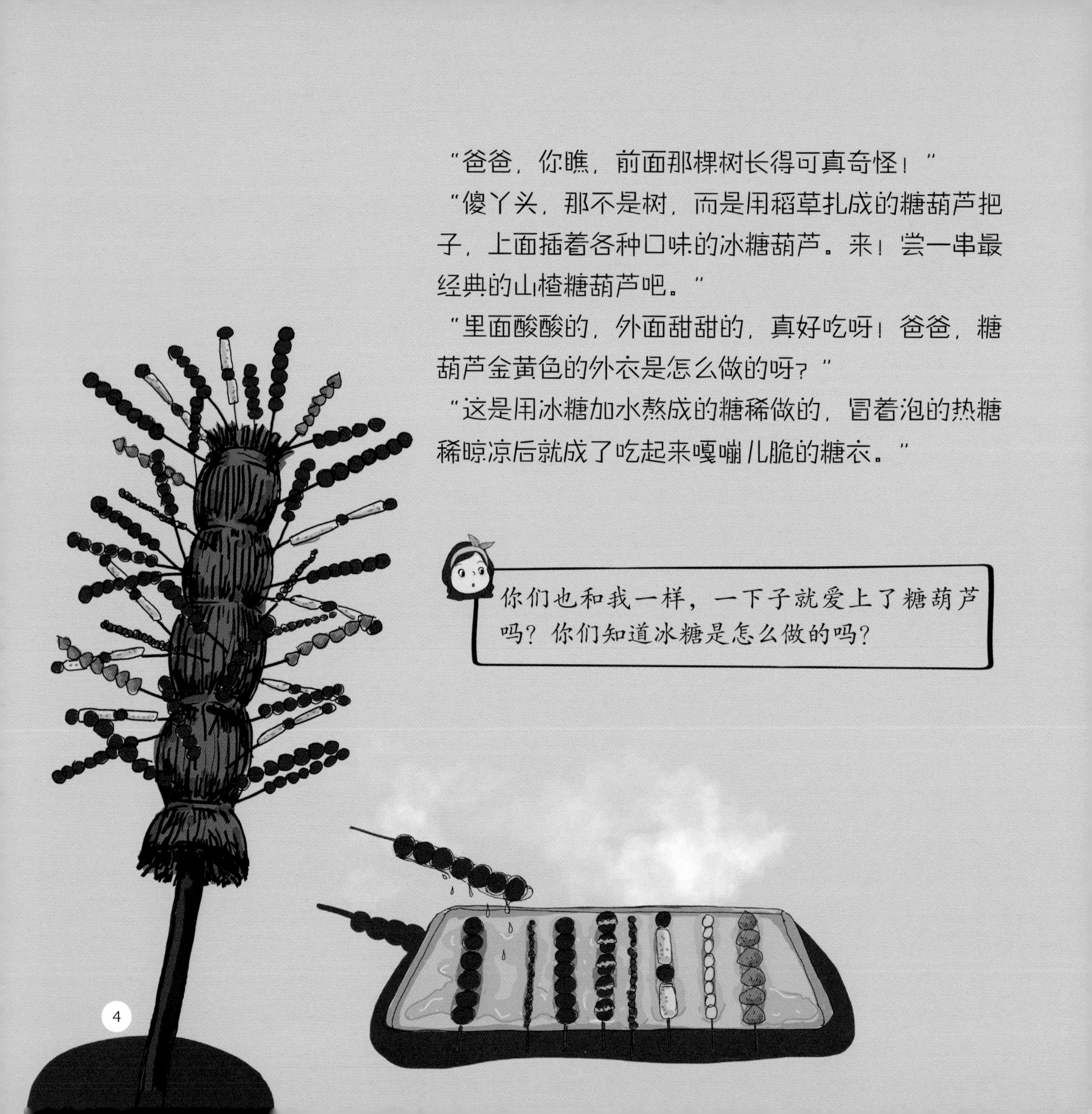

“爸爸，你瞧，前面那棵树长得可真奇怪！”

“傻丫头，那不是树，而是用稻草扎成的糖葫芦把子，上面插着各种口味的冰糖葫芦。来！尝一串最经典的山楂糖葫芦吧。”

“里面酸酸的，外面甜甜的，真好吃呀！爸爸，糖葫芦金黄色的外衣是怎么做的呀？”

“这是用冰糖加水熬成的糖稀做的，冒着泡的热糖稀晾凉后就成了吃起来嘎嘣儿脆的糖衣。”

“蒂娜，快来看，师傅正在吹糖人儿呢！”

“咦？桌上这个画着各种动物的木头转盘是做什么用的呀？”

“你可以转动指针，试试看能得到哪种图案的糖人儿。”

“看我的！呀！我转到了一只牛！我恰好属牛，好巧啊！”

“蒂娜，你知道吗？吹糖人儿这门手艺在中国已经有几百年的历史了。过去，小贩们肩挑担子走街串巷，可现在除了逢年过节，平时已经难觅他们的踪影。”

“真希望这门有趣的手艺能一直传下去。

叔叔，请问吹糖人儿用的糖稀是用什么做的呢？”

“你可真是个勤学好问的小姑娘！这糖稀里除了白砂糖，还加入了麦芽糖。”糖人儿师傅笑眯眯地说。

这麦芽糖又是从哪儿来的呢？

“这又是什么好吃的？闻起来这么香！”

“热腾腾的糖炒栗子要出锅喽！大家伙儿小心烫啊！”

“爸爸，他为什么不直接用烤箱？在这么大的锅里炒栗子多费劲呀！”

“你瞧见锅里的那些小石子儿了吗？别看它们黑乎乎的不起眼，却可以让栗子更均匀地受热。喷香油亮的糖炒栗子，还少不了植物油和糖稀的功劳哦！”

“哦，那炒栗子和吹糖人儿用的糖稀一样吗？”

“炒栗子时，也会加入麦芽糖，更讲究些的还会加点儿蜂蜜呢！我们这就买一袋，爸爸也好多年没尝过这味道了。”

冰糖、白砂糖、麦芽糖、蜂蜜，这些糖到底有什么不同呢？

“爸爸，快给我一颗，我已经等不及想尝尝了。”

“慢点儿，慢点儿，当心刚出锅的栗子炸开，再烫着嘴。”

“不会吧，小小的栗子能有那么大的威力？”

“可别小瞧哦，它就像一个没排气的高压锅，温度差会使栗子内部的压力比外部大。而且和米饭等主食一样，栗子的热量可很高哦，吃多了可能会让我们消化不良，引起腹胀。”

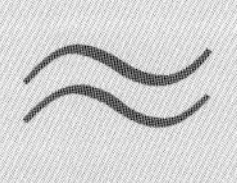

栗子的热量大约是
214 千卡 / 100 克

米饭的热量大约是
116 千卡 / 100 克

大人们常说想减肥就要减少热量的摄入，可究竟什么是热量呢？

“唉呀！这一天逛下来，我还真有点累了。回想起白天的冰糖葫芦、糖人儿和糖炒栗子，这些美味都少不了糖的功劳，可我对糖的了解却太少了。究竟什么是糖？糖从哪里来？那么多种糖又如何分类？谁能来帮我解答这些问题呢？”

“喵呜！你好呀！蒂娜！”一声问候从窗口传来。

蒂娜抬头一看，原来是一只脖子上系着糖果铃铛的小黄猫正趴在窗台上。

“你竟然会说话呀！你是谁？为什么会来这里？”

“我呀，是被你的好奇心召唤来的。我叫糖豆儿，是糖之旅的向导，你愿意和我一起去旅行，探索糖的奥秘吗？”

“我当然愿意！我有好多问题想问，正愁没人解答呢！”

“如果你准备好了，那我们现在就出发喽！”

大自然的甜蜜礼物

蒂娜跟着糖豆儿走进了一片花田，蝴蝶和蜜蜂正在辛勤地忙碌着。

“蒂娜，你知道人类最早发现的甜食是什么吗？”
“嗯，我想想，它一定是天然存在的，是不是蜂蜜呢？”
“真棒！不过你只说对了一半，除了蜂蜜，人类祖先也从大自然中采集鲜果作为甜食。”

别看蜜蜂的个头小，它们对大自然和人类的贡献可不容小觑。蜜蜂在采集花蜜作为食物的同时，还会在花朵之间传播花粉，不仅使自然界中的种子植物得以繁衍，还帮助人类提高了农作物的产量和品质。

“糖豆儿，蜂蜜不仅美味，听说还很有营养呢！”

“除了蜂蜜，还有很多其他富含营养的蜂产品，比如蜂花粉、蜂胶、蜂王浆和蜂蜡等。”

“好想去看看蜜蜂是怎么采蜜和酿蜜的。你有办法带我去吗？”

“包在我身上！请你按一下我铃铛上的按钮，闭上眼睛数到三，然后我们就可以去拜访蜜蜂家族啦！”

变装后的蒂娜和糖豆儿，看起来和蜜蜂还真是像呢！

蜜蜂是群居的昆虫，一个蜂巢里居住着成千上万只蜜蜂，它们的大家族里有三种成员。

“我是蜂后，也是人们常说的蜂王，我的体型较大，是蜂巢里唯一能正常产卵的雌性蜂，最多时一天可以产上千枚卵。”

“我是雄蜂，体型较为粗壮，数量较少，我们的任务是和蜂后一起孕育下一代，延续大家族的生命。”

“我是众多工蜂中的一只。我们体型最小，承担了采蜜、酿蜜、建造和清理蜂巢、照顾蜂王、喂养宝宝等日常工作。采蜜时，我会用吸管一样的口器吮吸香甜的花蜜。我的后脚上各有一个布满毛刷的凹槽，像篮子一样，可以用来装花粉和花蜜。”

蜜蜂有两个胃，一个是用来储存花蜜的蜜胃，还有一个是用来消化食物的前胃。蜜蜂酿蜜时会分泌一种酶，把花蜜中的蔗糖变成葡萄糖和果糖。它们还会用力拍打翅膀，加快花蜜中的水分蒸发。蜂蜜成熟后，水分会降到 20% 以下。蜂蜜里除了糖，还含有各种维生素、矿物质和氨基酸。

“工蜂们在蜂蜜酿造完成后，会分泌出蜂蜡，把巢房封起来。”

“咦？为什么蜂巢是六边形的呢？”

“科学家也和你一样好奇，他们经研究发现了蜂巢结构不但坚固轻巧，还可以节约材料。小到包装纸箱，大到航天飞机，它们的内部都大量采用了这种结构。”

“爸爸说过，很多科学技术的发展都受到了自然界的启发，我想这应该属于仿生学的研究领域吧！”

荔枝
枸杞
槐花
你认识图片中的植物吗？它们都是上好的蜜源。
野菊
枇杷

“糖豆儿，你说人类很久以前就开始食用蜂蜜，有什么科学证据吗？”

“当然有啦，你看这张在西班牙石洞里发现的壁画，距今大约有近万年，画的就是一名女性正在收集蜂蜜。再看看中国第一部介绍汉字字形和来源的字典——《说文解字》，这里面‘蜜’字的写法像不像是蜂巢里有一只可以分泌糖浆的蜜蜂？”

“还真是神似呢！怪不得爸爸常说古老的中国文字中蕴含着祖先的智慧。”

“人类的祖先不光发明了文字，还发现了一种糖呢！你猜猜是什么吧，你手中握着的就是线索。”

“这是小麦吧，你说的是不是糖人儿、糖炒栗子用的麦芽糖？”

“你猜对了！不过除了小麦，大米、大麦、玉米等粮食都可以用来制作麦芽糖。人类的祖先在煮食发芽的谷米时意外地发现了它。在古代，麦芽糖叫做‘饴（yí）’或‘饧（xíng）’。”

“原来成语‘甘之如饴’说的就是麦芽糖呀！不过比起麦芽糖，我们现在更常见的是白砂糖吧。你能带我去看看白砂糖是怎么做出来的吗？”

“说起白砂糖，这里面可有很多故事呢！用甘蔗制得白砂糖这一技术的形成和发展历经了数千年的时间。”

战国（公元前 475 年～前 221 年）时期，屈原在《楚辞》中将甘蔗汁称为“柘浆”。

东汉（公元 25 年～220 年）年间，张衡在《七辩》里提到了“沙饧石蜜”。“沙饧”是从印度传入中国的细小砂糖，它和当时被称为“石蜜”的冰糖是帝王和贵族才能享用的珍稀美味。

shā xíng shí mì
沙饧石蜜

到了西晋（公元 266 年 ~316 年），陈寿的《三国志》中出现了“甘蔗饧”，意思是从甘蔗中得到的黏稠糖稀。

为了掌握制作砂糖的技术诀窍，唐朝（公元 618 年 ~907 年）时，唐太宗还曾专门派人前往砂糖的发源地——印度学习。

砂糖在印度的梵文里叫做“sarkara”。季羡林先生在年轻时远赴德国求学，发现“sarkara”是许多语言中“砂糖”一词的共同起源。他也发现了一个令人困惑的问题：尽管砂糖源于印度，可白砂糖一词在印地语中却被称为“cini sarkara”，翻译过来是“中国糖”的意思。

40 多年后，季羡林先生在研究有关制糖术的一张敦煌残卷时，被里面的“剎割令”一词难住了。直到有一天，年轻时的发现从他的脑海中一闪而过：“剎割令”不正是梵文“sarkara”的中文音译吗?

自此，所有的难点便迎刃而解，原来中国的甘蔗制糖技术早就发展了，只是一度不如印度的技术好。直到明朝（公元 1368 年 ~1644 年）末年，中国人偶然发明了黄泥水淋法，生产出了世界上品质最好的白砂糖。后来，经中国改进后的制糖技术又传回了印度等国，因此直到现在，这些国家还将白砂糖称作“中国糖”。

季羡林先生从 70 岁开始创作《糖史》，历经 17 年时间才完成了这部科技史巨著。

品质优良的白砂糖和丝绸、茶叶等商品一起，沿着丝绸之路，远销西亚和欧洲，大大促进了国际间的贸易往来。

甘蔗制成的白砂糖传入欧洲后，欧洲人又以甜菜为原料，发明了新的制糖技术。尽管欧洲的甜菜制糖技术与中国的甘蔗制糖技术相比，只有短短两百多年的历史，但却成为欧洲工业化的重要基石之一。18 世纪时，蔗糖对世界经济的重要作用，可以与 19 世纪的钢铁、20 世纪的石油和 21 世纪的互联网相提并论。

在下一站的糖工厂，我们会了解现代工业是如何代替传统手工业，将原料加工成白砂糖的。

糖工厂，我们来了

长臂挖掘车把原糖搬运到传送带上

长长的传送带把原糖送入仓库

白砂糖是怎么诞生的?

第一步是将原料运送到工厂。在广西等南方地区，甘蔗是生产白砂糖的主要原料；在新疆等北方地区，则以甜菜为主要原料。有时原料的产地离糖厂很远，为了方便运输，会先就地把甘蔗或甜菜加工成原糖。原糖是甘蔗或甜菜经过破碎、压榨、熬煮、结晶、干燥等步骤制成的黄棕色晶体。超市里售卖的白砂糖和冰糖是对原糖进行“清洗”后得到的精制糖。

原糖堆积在仓库里，就像一座小山

在加热混合机里，原糖和水混合成的糖浆不停地翻滚着

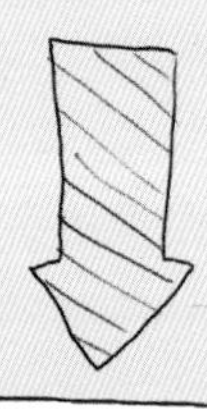

离心机高速转动，将原糖中的杂质分离出去

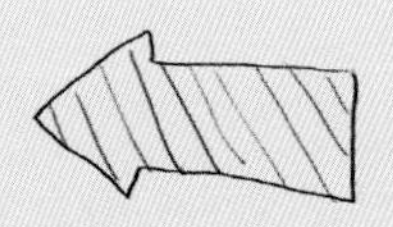

糖浆通过滤布，进入真空锅，低温蒸发掉水分后，糖浆变得越来越黏稠，最后形成牙膏状的糖膏

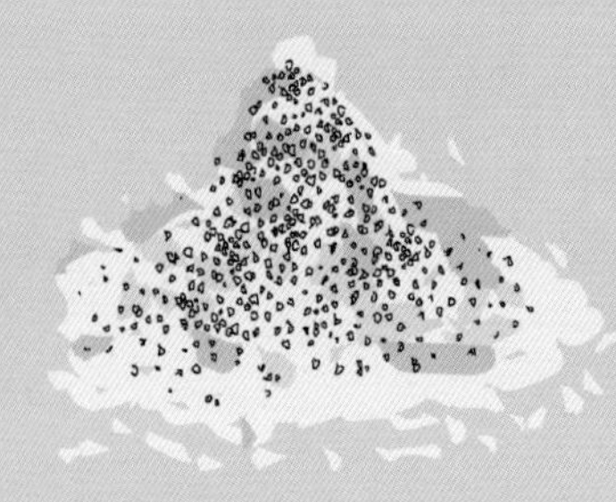

白砂糖晶体从糖膏中被分离出来，在现代制糖业中，这道工序叫做“分蜜”。包装好的白砂糖，被运送出工厂，摆在了超市的货架上。

以白砂糖为原料，将其溶解后，经过过滤、熬制、再结晶，就制成了冰糖。不同于颗粒状的白砂糖，冰糖呈冰晶状，纯度更高。晶体排列方向和顺序很整齐的是单晶冰糖。

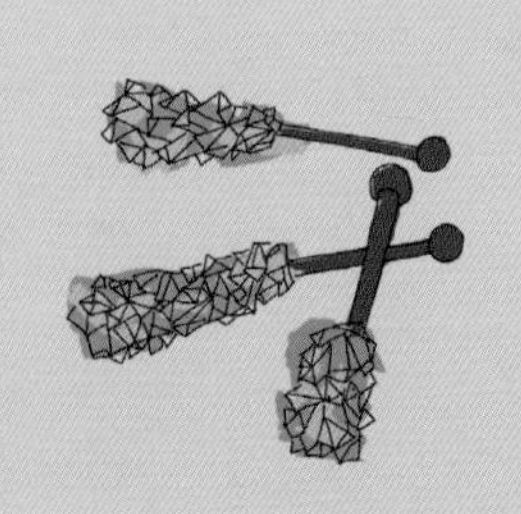

晶体形状不规则，排列混乱的是多晶冰糖。多晶冰糖和单晶冰糖的生产工艺不同，分别代表了传统工艺和现代工艺。因此，民间也把单晶冰糖称为“小冰糖”，把多晶冰糖称为“老冰糖”。

糖的作用可不止让食物有甜味，它就像一位魔术师，帮助冰糖葫芦和糖炒栗子这些食物产生奇妙又复杂的化学变化——焦糖化反应和美拉德反应。

焦糖化反应

糖被加热到熔点以上的高温（140~170℃）时，会发生脱水、降解和褐变反应，食物的颜色会变深，产生独特的风味。如果温度过高，加热时间过长，制作冰糖葫芦的糖浆就会由黄棕色变成黑褐色，产生不招人喜欢的酸味和苦味。

美拉德反应

某些糖会和食物中的氨基酸等成分发生反应，为食物增添可口的风味和诱人的色泽。烤面包、巧克力、烤肉、咖啡这些美食都离不开美拉德反应的神奇作用。

甜的食物都加糖了吗？

“根据食物中糖的来源，我们可以把糖分为天然糖和添加糖。白砂糖是制作许多食品时必须要添加的，因此它经常会出现在食品包装袋背面的配料表里。”

“很多水果吃起来甜甜的，比如葡萄，但里面并没有添加糖，它们应该就是含有天然糖，对吧，糖豆儿？”

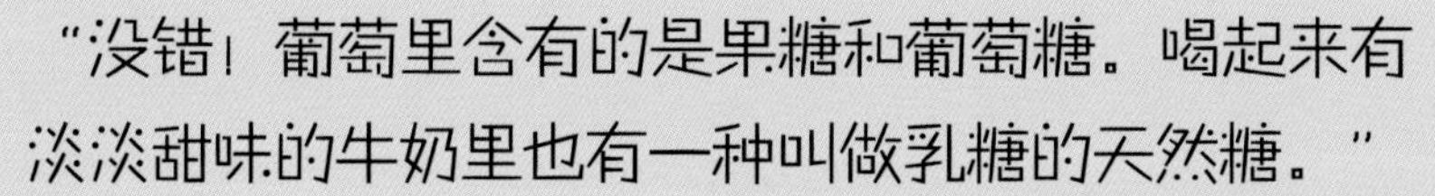

“没错！葡萄里含有的是果糖和葡萄糖。喝起来有淡淡甜味的牛奶里也有一种叫做乳糖的天然糖。”

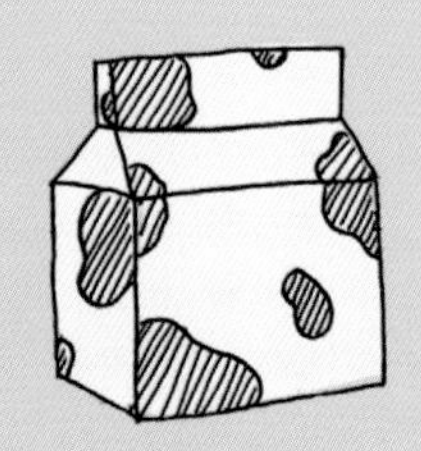

“蒂娜，有种糖果放在嘴里会噼啪作响，你吃过吗？”

“当然吃过啦！不就是我很喜欢的跳跳糖嘛！”

“跳跳糖的发明其实是个意外。有一位名叫威廉·米切尔的美国化学家，原本计划发明一种像洗衣粉一样遇到水就会冒泡的速溶可乐，却意外地在实验室里发明了跳跳糖的配方。不过直到十几年后，一家食品公司才买下配方，开发出了这种糖果。”

“制作跳跳糖时，会在热糖浆里充入高压二氧化碳气体，糖浆冷却后形成的固体里就封锁了许多小气泡。跳跳糖放进嘴里的瞬间，这些小气泡被释放出来，因此我们会感觉到糖在口中蹦蹦跳跳。”

营养成分表究竟有什么用呢？

全脂牛奶营养成分表

项目	每100毫升	NRV（%）
能量	280千焦	3%
蛋白质	3.1克	5%
脂肪	3.6克	6%
碳水化合物	5克	2%
钙	100毫克	13%

可乐营养成分表

项目	每100毫升	NRV（%）
能量	185千焦	3%
蛋白质	0克	0%
脂肪	0克	0%
碳水化合物	10.9克	4%

营养成分表可以为我们选择营养均衡的食物提供参考。它不仅标明了每份食品饮料中有多少能量，还列出了每种营养素的含量，以及营养素参考值（NRV）。

“真没想到，全脂牛奶的能量比可乐还高，但牛奶里含有的蛋白质、脂肪和钙，可乐里可没有。”

“可乐、方便面等被人们称为垃圾食品，是因为它们能量高、营养单一，我们经常吃这些，就容易摄入过多的能量，同时又得不到全面的营养。”

“糖豆儿，营养成分表中能量的单位是千焦，可我常听大人们说减肥时要控制卡路里的摄入，那千焦和卡路里之间又有什么关系呢？”

“这可真是个好问题！卡路里（calorie）是另一种热量单位，营养学家用它来衡量食物为身体所提供的能量。生活中，我们常用千卡（kcal）作为单位，1 千卡也叫做 1 大卡，约等于 4.2 千焦。除了读书、锻炼身体这些活动，我们的心跳、呼吸、消化食物等生命基础活动也无时无刻不在消耗着能量。”

“原来是这样啊！那营养学家如何知道每种食物含有多少热量呢？”

“这个说起来有点复杂。简单来说，食物中的碳水化合物、蛋白质和脂肪是人体热量的三大来源。1 克碳水化合物和 1 克蛋白质分别可以为身体提供约 4 千卡的热量，而 1 克脂肪可以提供 9 千卡的热量。”

如何消耗从食物获得的热量？

我们从一小块牛奶巧克力、一杯橙汁、半杯巧克力奶昔，或者一根中等大小的香蕉中，就可以获得大约 100 千卡的热量。而要想消耗掉这些热量，我们大概需要遛狗 30 分钟，骑自行车 20 分钟，爬楼 10 分钟，或者去逛街 40 分钟。

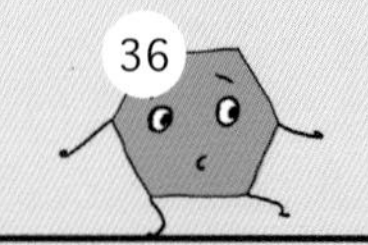

碳水化合物和糖是一回事儿吗？

“科学家曾经把它们当做一回事儿，认为所有糖的化学结构都能写成碳（C）和水（H_2O）的化合物形式。可后来发现了例外，如DNA的主要成分——脱氧核糖的分子式是$C_5H_{10}O_4$。而且可以写成碳水化合物形式的物质也不全是糖类，比如甲醛的分子式是CH_2O。但是出于习惯，我们还是沿用了这个词。碳水化合物按照化学结构可以分为单糖、双糖和多糖三类。”

“看来科学发现也不都是一成不变的。”

“当然啦！纵观科学史，你会看见各种新发现不断地在修正、补充、拓展着旧理论。”

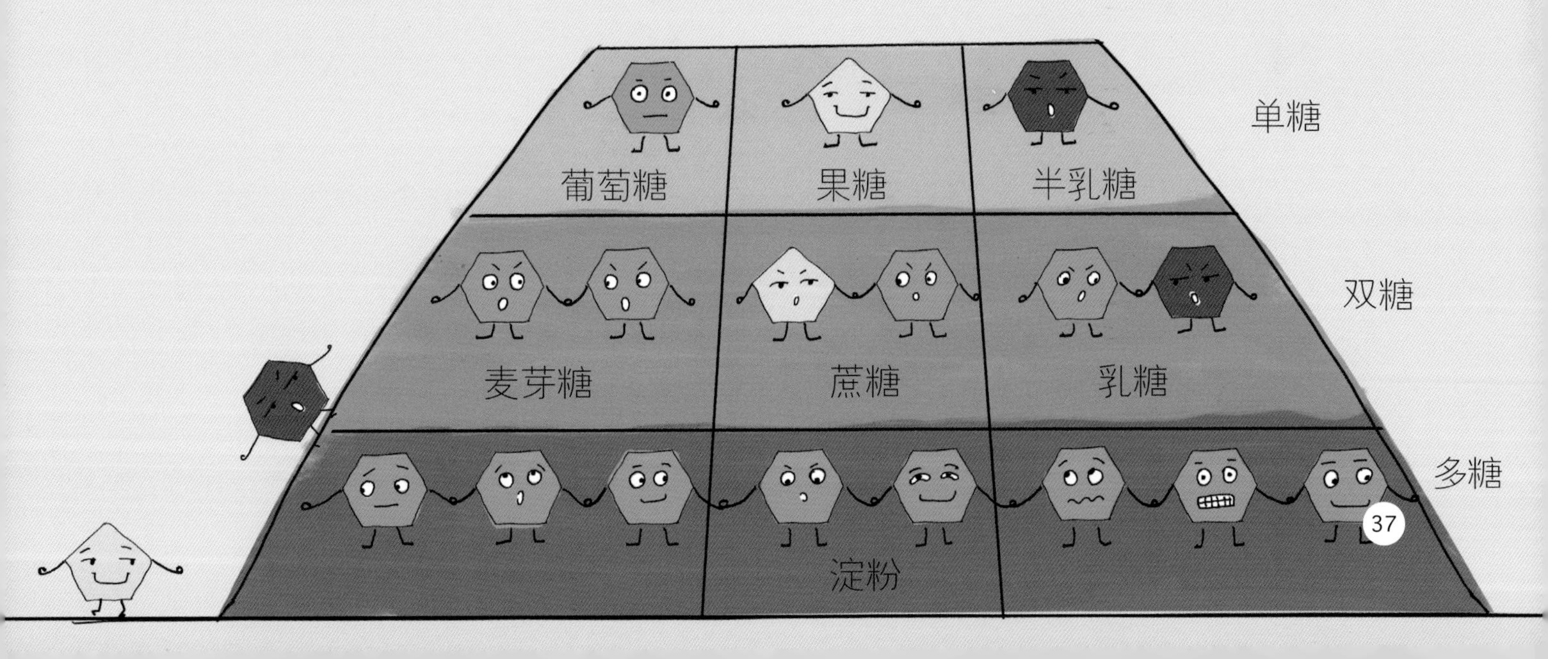

葡萄糖分子长什么样？

19 世纪时，科学家发现葡萄、淀粉、蜂蜜等食物中都含有同一种物质，由于这种物质首先是从葡萄中分离出来的，于是将它命名为“葡萄糖”。了解葡萄糖的化学组成和分子结构，可是当时非常重要的研究课题。德国化学家艾米尔·费歇尔花了 7 年时间，终于发现了葡萄糖的分子结构是由碳原子、氢原子和氧原子按照一定的顺序排列而成的，他也因此获得了 1902 年的诺贝尔化学奖。

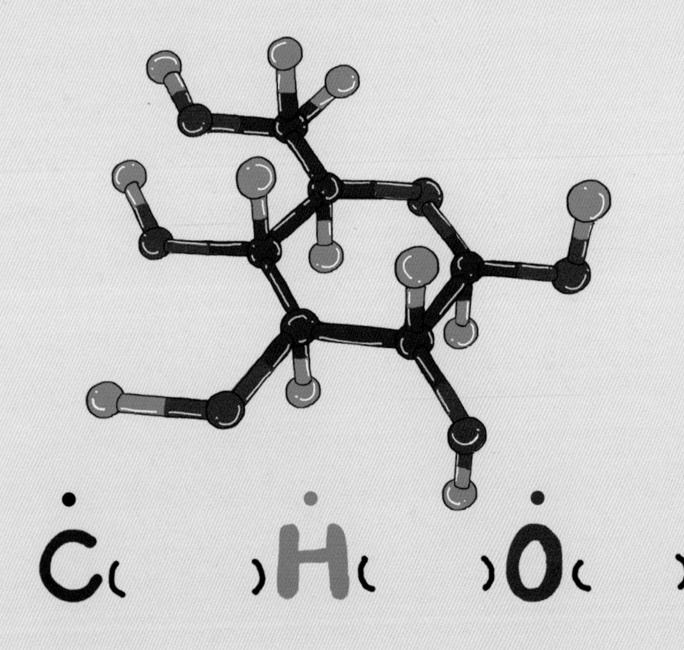

请你数一数，葡萄糖的立体结构图里各有几个碳原子、氢原子和氧原子。

如何判断食物里含不含淀粉？

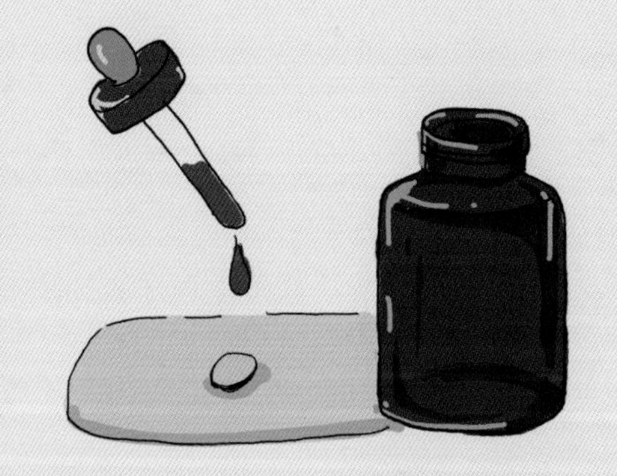

淀粉是一类由许多葡萄糖分子聚在一起组成的多糖。我们通过一个简单的小实验就可以判断出食物中是否含有淀粉。

步骤一：提出假设。选择三种你认为含有淀粉的食物。
步骤二：设计并实施实验。滴 1 ~ 2 滴碘酒在食物上，观察颜色有什么变化。
步骤三：解释实验结果并得出结论。含有淀粉的食物，会使棕黄色的碘酒变色。有些会变成（红）紫色，有些会变成蓝色，这与食物中淀粉的结构不同有关。

在实验室里，我们学习了糖的结构，以及碳水化合物的分类。结构不同的碳水化合物，给身体带来的饱腹感不同，被消化吸收的速度也不同。我们现在出发去下一站，看看碳水化合物是如何被身体消化吸收的吧！

哇！

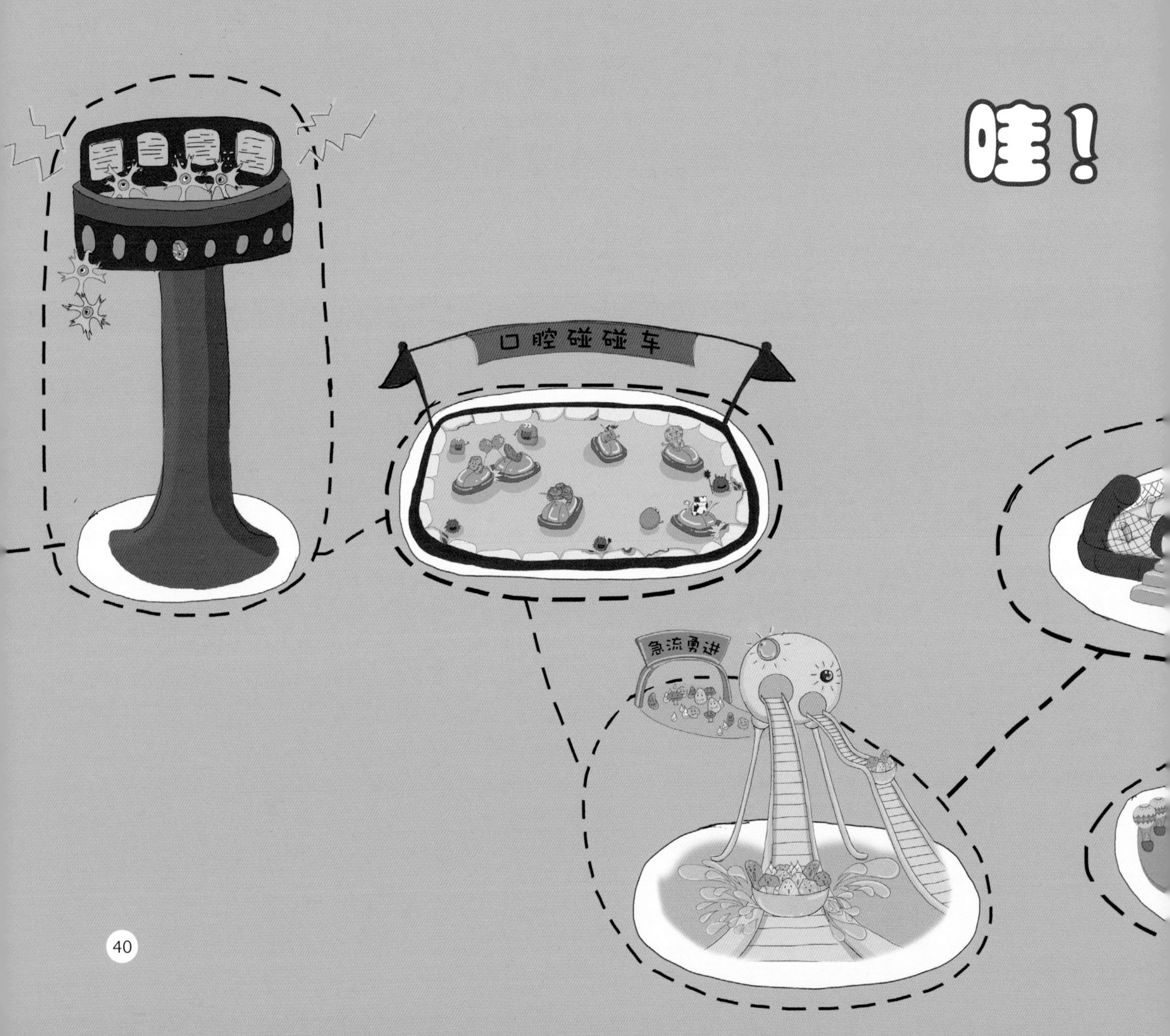

身体里有个游乐场

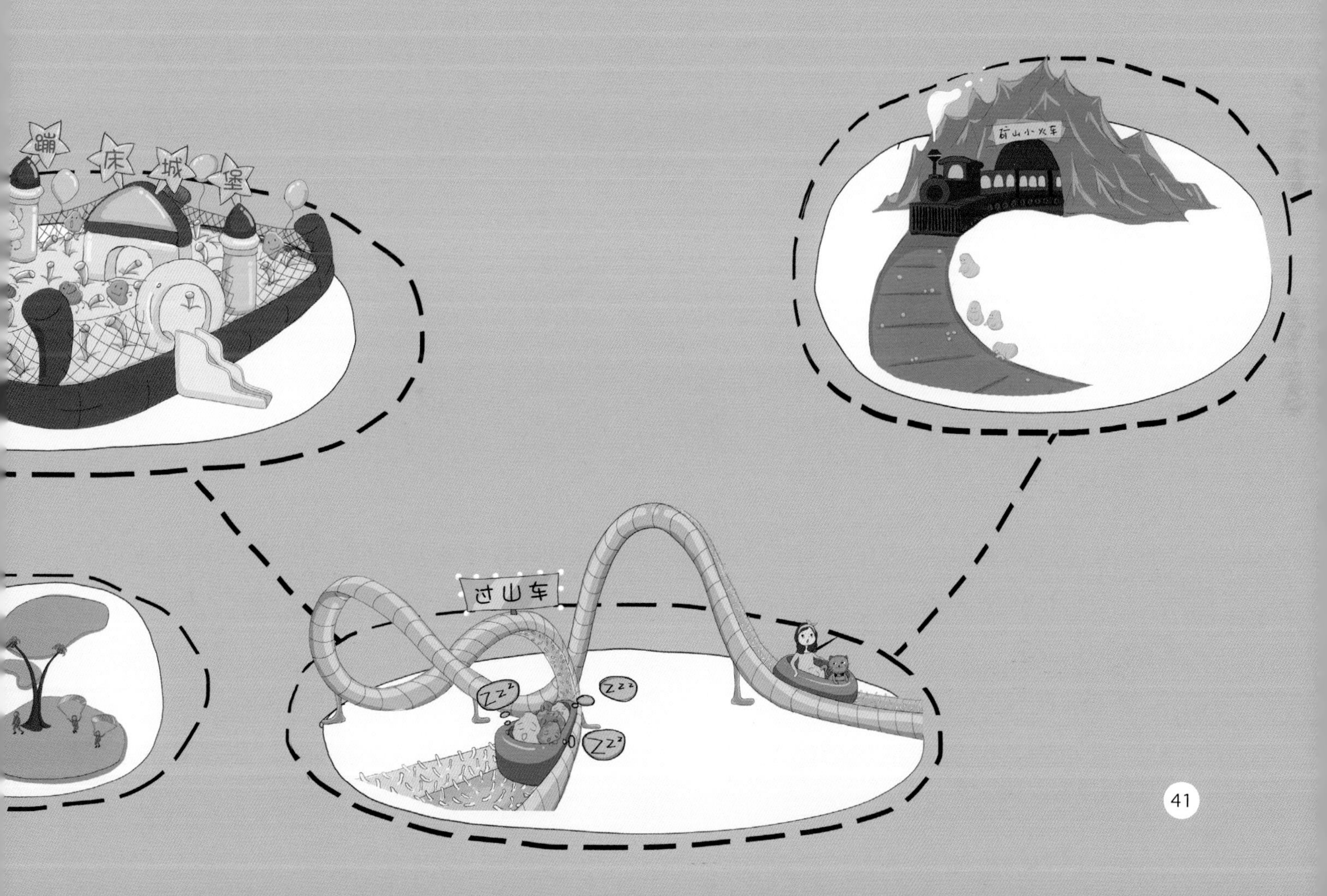

身体游乐场
水
碳水
化合物
维生素
膳食纤维
蛋白质
脂肪

“蒂娜，你瞧，这个游乐场的入口有一座城堡。不同颜色的门分别代表了一类人体必需的营养素。食物每天进入身体游乐场游玩，给人们提供能量和营养。”

“咦？为什么膳食纤维的小门开在了碳水化合物的大门上呢？”

“你观察得真仔细！这是因为膳食纤维也属于多糖，但和碳水化合物家族的其他多糖成员不太一样，它既不能被人体消化吸收，也不能提供能量。膳食纤维曾经被当成没用的废物，后来科学家发现它对身体健康很重要，就把它列为人体的第七类必需营养素。”

“那游乐场什么时候才开门呀？”

“每当人们吃东西的时候，游乐场的门就会打开。”

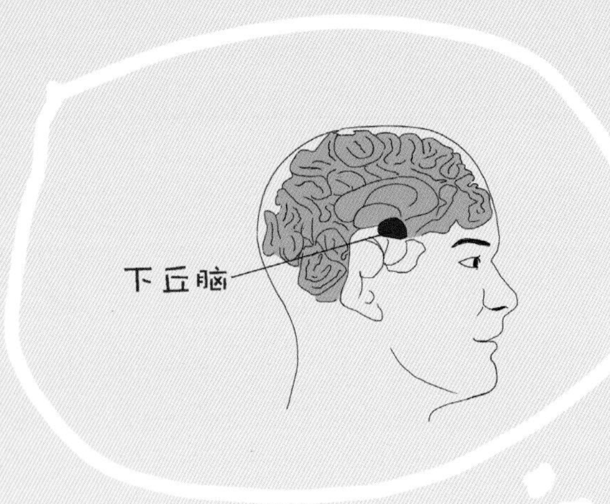

看不见的钟

“蒂娜，你通常什么时候会特别想吃东西？”

“科学家发现，人类的下丘脑中有一些神经细胞，像闹钟一样负责提示我们保持规律的生活节奏，比如提醒我们什么时候该吃饭和睡觉，它们因此被称为生物钟。科学家还发现基因不光可以调控生物钟，甚至可以影响人们对甜食的嗜好程度。2018 年，科学家用基因治疗技术成功治愈了小鼠的Ⅱ型糖尿病，这也给我们未来治愈糖尿病这个世界级难题带来了希望。”

“当然是感觉肚子饿的时候呗！巧的是，我发觉饿的时候，常常恰好也到了吃饭的时间，就像身体里有个小闹钟，在提醒我要按时吃饭。”

“糖豆儿，生物钟好像发出信号了，游乐场的大门要开启啦！那我们快跟着食物一起进去玩吧！”

食物在这里能玩多久，取决于人们是细嚼慢咽，还是狼吞虎咽。

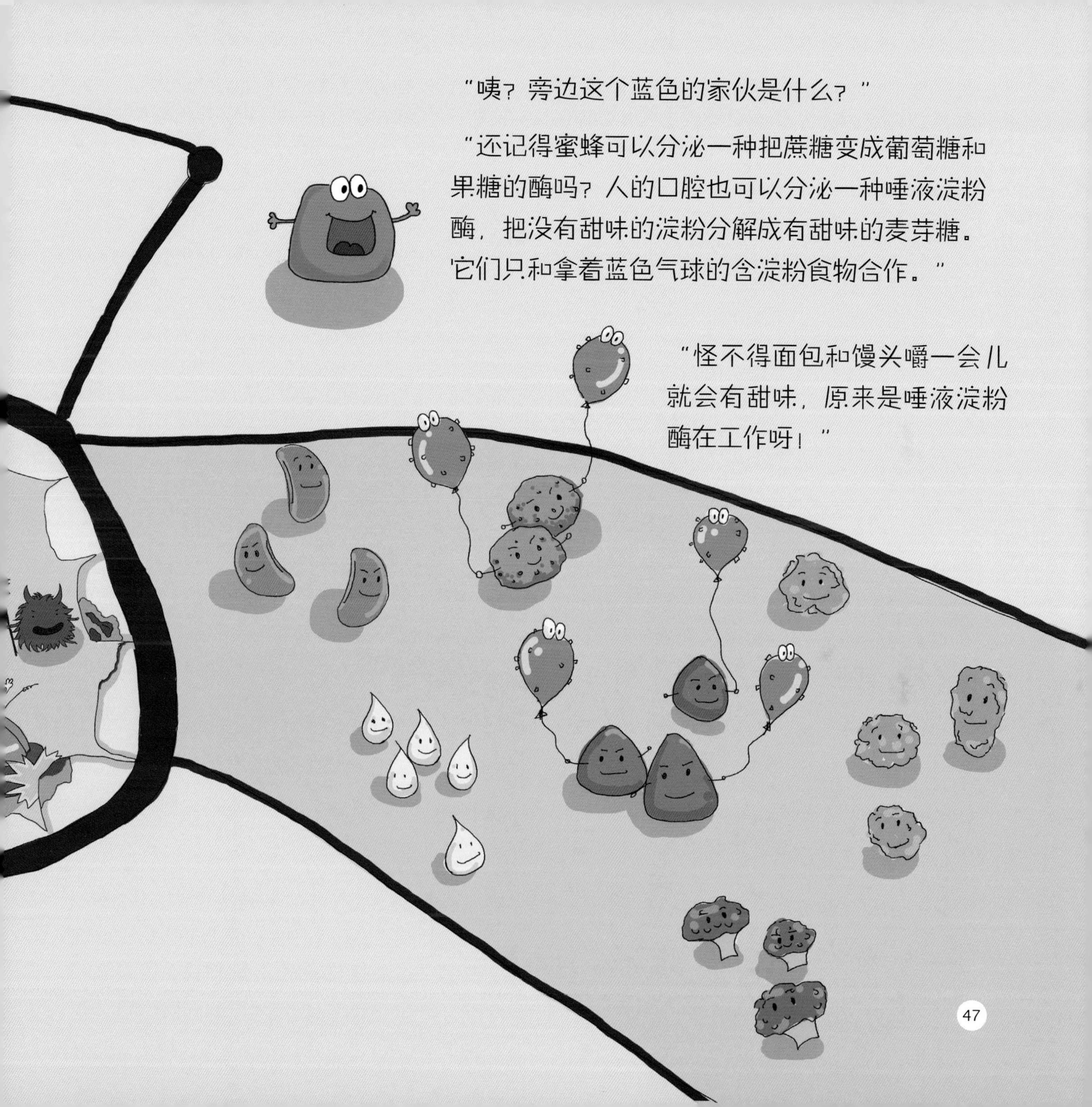
“咦？旁边这个蓝色的家伙是什么？”
“还记得蜜蜂可以分泌一种把蔗糖变成葡萄糖和果糖的酶吗？人的口腔也可以分泌一种唾液淀粉酶，把没有甜味的淀粉分解成有甜味的麦芽糖。它们只和拿着蓝色气球的含淀粉食物合作。”
“怪不得面包和馒头嚼一会儿就会有甜味，原来是唾液淀粉酶在工作呀！”

链球细菌：“我们是细菌大部队派来的先行小分队。我们可以产生腐蚀牙齿的酸。”

牙刷：“我能清洁牙齿缝隙中的食物残渣，早晚可别忘记用我刷牙哦！”

牙齿上的细菌：“牙齿上的蛀斑是我们占领的地盘。在牙齿上挖出牙洞，在里面建成堡垒是我们的终极目标。”

牙膏：“我含有的氟不但可以抵抗细菌产生的酸性物质，还能帮助修复牙釉质。牙釉质是覆盖在牙齿表面的乳白色保护层，主要成分是钙。”

口香糖：“我们能促进口腔分泌唾液，清洗牙齿表面的糖和酸。但我们可没办法对付蛀牙，只不过细菌吃了我们的木糖醇，不会像吃糖一样产生对牙釉质腐蚀作用很强的酸性物质。”

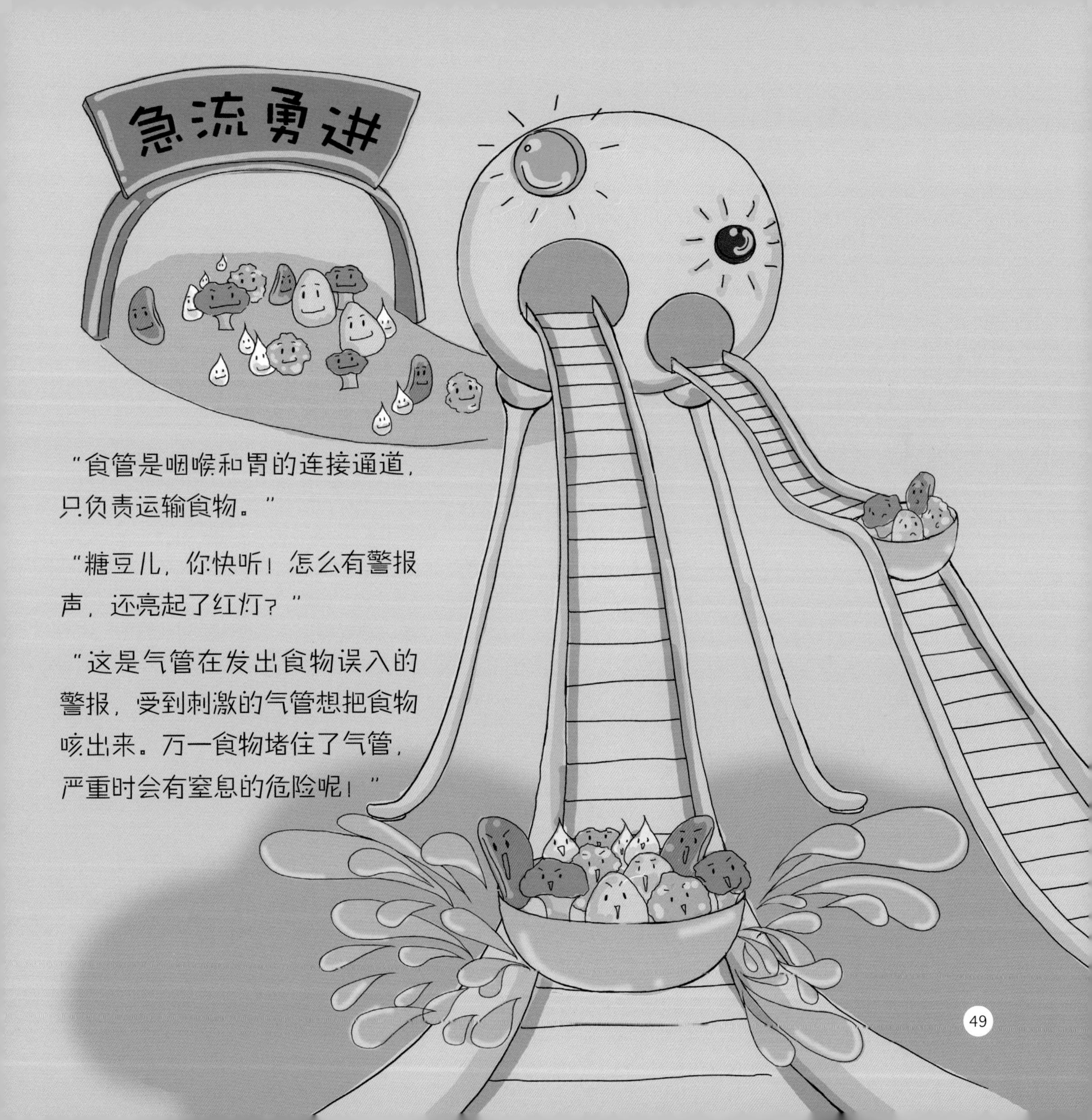

“食管是咽喉和胃的连接通道，只负责运输食物。”

“糖豆儿，你快听！怎么有警报声，还亮起了红灯？”

“这是气管在发出食物误入的警报，受到刺激的气管想把食物咳出来。万一食物堵住了气管，严重时会有窒息的危险呢！”

穿过食管，食物就来到了胃里的蹦床城堡。非工作时间，胃的蹦床城堡只有拳头般大小，进食后，充气蹦床会被撑大到原来的20~60倍。

少量的唾液淀粉酶来到这里，它们可不像这里的原住民——分解蛋白质的胃蛋白酶那么坚强，由于不适应这里的强酸性环境，过不了多久就会失效。

食物经过胃的挤压、搅拌、研磨，变成了粥状的食糜。过程大约需要三四个小时，这通常也是我们从吃饱到再次感觉到饿的时间间隔。不同的食物在胃里停留的时间也不一样，液体食物消化得最快，脂肪类食物消化起来需要的时间最长。

食糜来到了小肠过山车。轨道内壁上这些细长的凸起物叫做小肠绒毛，它们能使小肠吸收营养物质的表面积增大将近 600 倍，达到 40 平方米，相当于半个羽毛球场的大小。小肠绒毛里有丰富的毛细血管和毛细淋巴管，这里是消化和吸收营养物质的主要场所，大约 95% 的营养物质都是通过小肠被人体吸收的。

“糖豆儿，还要坐多久的过山车呀？我们前进的速度简直像蜗牛一样慢。”

“不同食物在小肠里停留的时间也不一样，至少还要 3 个小时吧。”

“那我还是先睡一会儿吧！”

这里有分解蔗糖、麦芽糖和乳糖的酶，碳水化合物最终都会被分解成葡萄糖，通过毛细血管进入血液。我们常常听说的血糖，就是指血液中的葡萄糖。

“我们终于到了胰腺冒险岛啦！这里由胰岛细胞组成，和小肠通过胰管相连。你看见驻守在岛上调节血糖的情报员了吗？穿红衣服的是负责降糖的胰岛素，穿蓝衣服的是负责升糖的胰高血糖素。”

胰高血糖素与胰岛素的作用恰好相反，它们相互配合，让人体的血糖保持在正常范围内。

胰岛素一方面可以帮助血糖变成储存在肝脏和肌肉中的糖元，另一方面还可以帮助血糖转变成脂肪，促进蛋白质的合成，抑制氨基酸变成血糖。

血糖过高或过低有什么危害？

糖尿病可以分为 I 型和 II 型两种。如果胰岛 B 细胞被破坏，无法分泌胰岛素，就会导致 I 型糖尿病。如果人们的生活方式不健康，暴饮暴食，又缺乏运动，胰岛素长期高负荷地工作，工作效率就会下降，甚至失效，从而患上 II 型糖尿病。

葡萄糖是人体能量最直接的来源，也是游乐场指挥中心——大脑的能量来源。低血糖时，人们会出现饥饿、面色苍白、心慌、多汗等症状，如果没有及时补充能量，严重时就会有生命危险呢！

小肠无法吸收的食物残渣最后会来到大肠矿山隧道。别看这里不如其他游乐设施光鲜有趣，离了它，身体游乐场也不能正常运转。大肠最主要的作用是处理废物，产生粪便。食物残渣中的一些水、无机盐和维生素可以在这里进一步被吸收。

“你看，肠道微生物正准备享用膳食纤维大餐呢！膳食纤维有助于促进胃肠道的蠕动，能防止便秘，降低餐后血糖。蔬菜、豆类、坚果和粗粮都含有丰富的膳食纤维。”

“蒂娜，游乐场逛完了，我们的旅行到这里也就要结束了。”

“啊！这么快！那我们还会再见面吗？”

“说不定哪天我们还会遇见，希望你能一直保持好奇心和求知欲，也许到时候我还会邀请你和我一起当向导呢！”

“我一定会的！真不想和你分开呀！”

“蒂娜！蒂娜！快醒醒！晚饭已经做好了。”爸爸推开门。

“爸爸，是你请糖豆儿当我的向导，带我去旅行的吗？我们先去农场探寻了糖的来源，接着又去了白砂糖工厂，还做了实验，最有趣的要数游乐场了，你猜它在哪儿？就在我们的身体里！爸爸，下个长假，我还可以再来中国吗？”

“糖豆儿是谁？我的小吃货女儿，今天你还没吃过瘾呀？你说的糖主题旅行听起来很有趣呢！好！爸爸答应你，明年的假期我们再一起回中国探索美食。”

“太好啦！爸爸，咱们可要一言为定哦！”

如果有一天，你看到一只胖乎乎的脖子上系着糖果铃铛的小黄猫，叫声“糖豆儿”，没准它就会回应你，邀请对糖也感兴趣的你，踏上一段奇妙的糖之旅。